科学在你身边
KEXUEZAINISHENBIAN

机器人

北方妇女儿童出版社

前　言

　　现在的世界和五百年前的世界最大的区别就是机器。的确，只要是人类聚集的地方，就少不了机器，无论是马路上行驶的各种汽车、工厂里轰鸣的机器，还是家里的各种电器，都标志着我们这个时代的成就。那五百年后的世界和现在这个世界最大的区别是什么呢？我想会是机器人。

　　20世纪以来，随着机械技术和工业的发展，具备一定智能、能够完成特定工作的机器人慢慢从实验室走进了我们的实际生活之中，改变着人类的生活。我们在街头、工厂、医院和大楼里都可以看到这些智能机器，但是这并不是说我们就进入了机器人的时代，这个时代属于不久的未来，我们从现在起，就应该为这个时代的到来打好基础。

　　本书向读者简单讲述了机器人的原理、分类和作用，希望能使聪明的读者对机器人产生兴趣，为我国机器人事业作出贡献。

目　录
MULU

M U L U

机器人世界

你有没有梦想过有那么一天，当身边没有一个人的时候，会有一种人造的机器人可以陪伴你玩耍，帮助你做各种事情，同时保护你的安全？这也是研究机器人的科学家的梦想。

什么是机器人

在我们看来，机器人是一种身体由各种机器部件构成，而且按照人的指令运行的机器。因为这种机器的形状很像人的身体，或者像人体的某一部分，比如手臂，所以叫做机器人。

 机器人可接受人类指挥，也可以执行预先编排的程序，还可以根据以人工智能技术制定的指令行动。

人工智能

我们的大脑指挥我们的身体，机器人也是由大脑控制的，它的大脑是一台计算机。这台计算机能够储存人类发出的指令，并指挥机器人的身体运转，完成用户希望的工作。这种计算机虽然具备一定的智能，但还是受人类控制。

图灵和智能机器

图灵是英国的人工智能科学家,他曾经提出:一个人把相同的问题交给一台机器,如果这个人不能区分答案是机器给出的还是人给出的,那么这台机器就具有了智能。

⬇ 这是"图灵测试"示意图,如果提问者无法判断自己的问题是由机器还是由人回答的,那么这台机器就是智能机器。

多样的机器人

你知道吗? 机器人也分不同的种类,有的机器人需要在人的控制下才能完成工作,有的机器人可以自动完成工作。这些不同的机器人应用在不同的地方,大大减轻了人类的劳动负担。

日新月异的机器人

现在很多国家都知道机器人将会成为未来人类的得力助手,因此机器人的研究也受到支持和关注。机器人研究的进展可以说是日新月异,今天这个机器人只能和你握握手,或许明天它就可以开口说话了。

⬇ 遥控机器人由人实时控制

⬆ 服务机器人可以自动完成工作。

 # 机器人的历史

任何一种事物都有它自己的历史，机器人也不例外，如果你喜欢历史故事，就会发现许多关于自动机械的故事，这些故事告诉我们：在很早的时候，人类就希望机器人能帮助自己。

偃师的自动木偶

有这样一个传说，早在三千年前的周代，周穆王遇到一个名叫偃师的人，他可以制作栩栩如生的人偶，这个人偶嘴巴可以自动闭合，可以走动，还可以跳舞歌唱，就像是现在的机器人一样。

不知疲倦的机器

在两百多年前，人们知道只要完好和有动力存在，机器就不会停止工作，似乎不知道疲倦一样。但是那个时候机器还是要人来操控，而且机器并没有代替人类做所有事情，所以人们还是要自己亲自劳动，才能让自己生活得更好。

木牛流马

传说在三国时期,蜀国丞相诸葛亮曾经制造过一种可以自动行走的木质机械,因为它可以像牛马一样运送物资,所以人们就把它叫做木牛流马。

➡ 仿造的木牛流马

➡ 诸葛亮

小 故 事

在利尔亚当的小说里,机器人被人类奴役,最终无法忍受,于是杀死了所有的人,毁灭了整个世界。这个故事让人类思考一个问题:我们需要什么样的机器人?

设想的机器人

在 120 年前,法国作家利尔亚当在自己的小说中描述了一种具有人的外貌、皮肤、毛发和行为,能够自动做一些事情,但是却受人控制的智能机器。他把这种机器人称为"安德罗丁",就是"像人一样的物种"的意思。

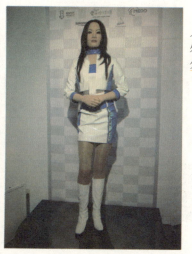

⬅ 有一些仿人形机器人的外形和真人十分相似。

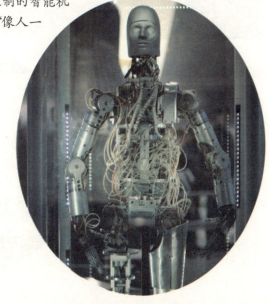

⬆ 利尔亚当的机器"安德罗丁"

机器人的语言

如果你想让别人知道你在想什么，你就会用语言告诉他。那机器人是怎么让别人知道它在想些什么，如何告诉别人呢？尽管在今天，机器人还不能和人类进行有效的语言沟通，但它们也有自己特殊的语言。

机器语言

像电子计算机一样，机器人并不认识我们人类的语言，它们只认自己的语言，就是采用二进制数字表示的符号。机器人的一部分设备把外界声音转化成机器语言，然后经过机器人大脑处理，转化成相应的机器语言，然后再转变成我们听得懂的声音。

能讲人话的机器

现在科学家已经研制出了能讲人类语言的机器，比如当你把磁卡伸进 ATM 机的时候，这台机器会用清晰的声音欢迎你的到来，你每选择一个命令，它就会用语言提示你该怎么做，这对于用户来说，能够起到很大的帮助作用。但是这些机器只能讲固定的话语，简单地说，它们就是一个装了录音机的机器而已。

机器人可以将语言转变为人能听懂的声音。

能对话的机器人

　　一些科学家还制造出了能和人对话的机器人，但是这些机器人经常犯错误，比如你问它："今天是什么日期？"它却回答："今天天气很好。"这些机器人的语音都是提前录制好的，根据不同的情况选择对应的话，但是就目前的技术水平而言，机器人经常答非所问。

了如指掌

　　外人很难知道你的心里在想些什么，但是工程师却对一个机器人能做什么和将做什么了如指掌，这不是说他们有神奇的能力，而是因为机器人的一切行动都是安排好的。

➡ 机器人和设计它的工程师

小 故 事

　　史蒂芬·霍金是一位著名的科学家，他因为严重的疾病而不能写字和说话，但是一部智能机器却成为了他的口舌。只要霍金把要说的单词选择出来，这台机器就会把这些单词转化成声音。有趣的是这台机器是美国人制造的，所以在英国长大的霍金说出的话就带有美国口音了。

发展机器人的人

无论机器人有多么灵活,它总是人研制的,为了能让机器人服务于人类,一些聪明的科学家为此而不懈地努力着。如果将来有那么一天,机器人为人类生活带来便利,那么这些发展机器人的科学家将受到人类永远的尊敬。

阿西莫夫

阿西莫夫是一位著名的科学家和作家,他的作品大多是充满奇趣的科幻小说和科普书籍。在机器人成为热点以后,阿西莫夫研究了这个新出现的机器,并提出著名的"机器人三定律"。

阿西莫夫是世界著名的科幻作家

诺伯特·维纳

诺伯特·维纳是20世纪上半叶美国著名的电子工程师,他提出了控制理论,认为可以设计一种机器,像人类神经控制肌肉那样,用通信来控制自己的部件。他的努力使人类的智慧涉及受控机器领域,为机器人的出现奠定了基础。

美国著名电子工程师诺伯特·维纳

乔治·德沃尔

美国人乔治·德沃尔是世界上第一个设计出人工程序控制工业机器人的发明家,他发明的机器人只有一个类似手臂的机器装置,输入不同程序,它就会执行不同的工作,因此十分方便工厂流水线作业,这种机器人也是目前应用最广泛的机器人。

➡ 德沃尔发明的工业机器人最显著的标志就是一个巨大的手臂

约瑟夫·英格伯格

美国发明家约瑟夫·英格伯格与德沃尔一起制造了第一台工业机器人,并成立了专门生产机器人的公司。英格伯格不仅参与工业机器人的研制,还大力宣传工业机器人的优势,使机器人被工厂大量采用,因此他被称为"工业机器人之父"。

小 故 事

在1939年 美国纽约世博会上,西屋电气公司展出了家用机器人爱雷克托(Elektro)。它可以行走,可以抽烟,甚至会说话,比如它会说:"我是爱雷克托,我的脑袋比你大……"

➡ 英格伯格和服务机器人

机器人三定律

你听说过机器人三定律吗？这三条定律是由阿西莫夫提出来的，它们就像一座大厦的三根巨柱，如果机器人的发展始终遵循这三条定律，那么我们就不用担心未来某一天机器人会起来反对我们了。

机器人第一定律

机器人第一定律，就是不能伤害人类。我们需要机器人来帮助我们做复杂和危险的工作，但是绝对没有人想设计一个会伤害自己的机器人，这是机器人世界中最重要的一条原则。

阿西莫夫是一位学识渊博的科学家，也是一个成就显著的科幻作家，受到全世界科幻文学爱好者的尊敬。他写了好几本关于机器人的科幻书籍，机器人三大定律是他在科幻作品《借口》中提出的。

机器人第二定律

机器人第二定律，是机器人必须遵守人类的命令，但是不能违反第一定律。机器人当然要遵守人类的指令了，不然这些机器人对我们有什么用处呢？当然，机器人应该拒绝执行那些伤害人类的指令，这样就不会有人利用机器人去伤害别人了。

◄ 工程师设计的机器人都要遵循机器人三大定律

机器人第三定律

　　机器人第三定律，就是机器人应该能保护自己，但是不能违反第一条定律。机器人在执行工作中会遇到各种意想不到的危险，因此它需要一定的保护自己的能力，但是不能为了保护自己而伤害人类。

机器人的规则

　　除了上面三大机器人定律以外，工程师们对不同的机器人还有许多要求，比如工业机器人要故障率低，探索机器人要能忍受极端的工作环境，等等。

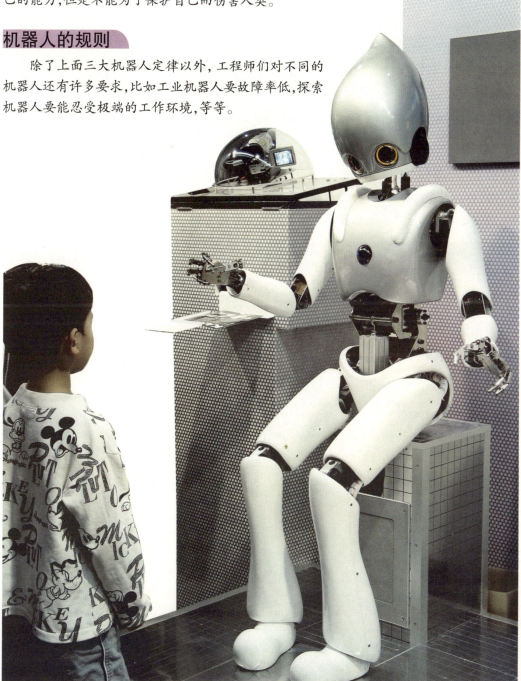

 # 发疯的机器

机器人虽然没有思维，但是它们也会遇到麻烦，这些麻烦来自于编写的程序。在这一篇里，我们将以一个有趣的故事开始，这样你就知道机器人会面临什么样的麻烦了。

让机器人发疯的问题

机器人也会遇到那个国王面对的难题：有一个人曾经问机器人一个问题，他的问题是："我说的话是错的。"然后让机器人判断这句话是对还是错，不料机器人发疯了，不断地输出"对"和"错"的答案，直到停止供电，机器人才停下来。看来机器人也会遇到和那个国王相同的问题。

 机器人是很容易出错的，有时候你让他站着别动，而他接到信息之后反而会跑起来。而类似这样的错误在机器人身上是很常见的。

> ### 小 故 事
>
> 在很久以前，一位国王对一位旅行者说："你现在猜测一下我将要干什么，如果你猜对了，我就放了你；如果猜错了，我就杀了你。"旅行者不慌不忙地说："你要杀死我。"这下国王犯难了，如果杀了旅行者，那旅行者的话就是对的，按照诺言，他就应该放了旅行者；如果他放了旅行者，那旅行者就说错了，他就应该杀了旅行者，这个国王无法做出决定，只好悄悄地把这个旅行者放了。

机器人的小错误

你想让你的机器仆人把杯子放在桌子上，如果你说："把杯子放下。"那它会直接松手，导致杯子掉到地上摔碎，这是机器人犯的小错误。但是如果你是对一个好朋友这么说，那他就不会这么做，显然机器人还不能像人这样识别命令。如果你想让机器人放下杯子，就要说："把杯子放在桌子上。"

➡ 机器狗会在出错的时候将手里的球不断地拿起放下。

避免小错误

现在机器人研究者面临的一个很大的问题，就是尽量减少机器人犯错误的机会，这就要给机器人脑子里输入足够的命令，赋予机器人智能处理命令的本领，比如一个用户对机器人说："把足球拿过来。"机器人就会把最近的一个足球拿过来，而不是把所有的足球都拿过来。

逻辑问题

在数字队列里，1下来是2，接下来是3，这是数字排列规则；在我们说话的时候，就要确保话语前后一致，不要出现互相抵触的地方，这就是语言的逻辑。机器人也是按照一定的逻辑去执行命令，如果输入的程序在逻辑上有问题，机器人就会做错误的事情。

⬇ 机器人按数字按钮来操作机器。

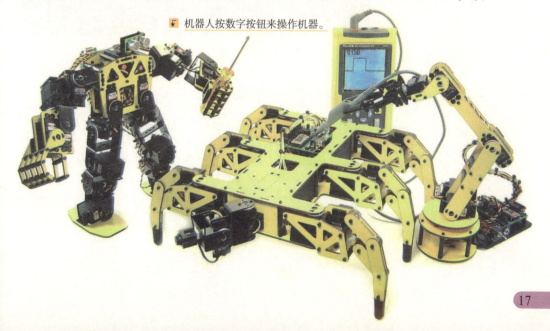

机器人大擂台

这里是一个奇妙的舞台，各种各样的机器人将在这里展示自己的本领：有的机器人力大无穷，有的机器人精巧无比，有的机器人机灵可爱，有的机器人滑稽可笑，真是多姿多彩，各有千秋！

工业机器人

工业机器人是现在应用最为广泛的机器人，在现代化的生产车间里，你会看到一条布满工业机器人的生产流水线，这些机器人精确地制造零件，焊接完整的成品，成为必不可少的工具。

➡ 工业机器人在焊接一辆汽车，它可以提高工作效率。

在童话故事《木偶奇遇记》中，一个叫匹诺曹的木偶能够自由地活动和讲话，但是如果它说谎，鼻子就会变长。匹诺曹历尽千辛万苦，最后在朋友们的帮助下，成为一个真正的小男孩，和自己的父亲快乐地生活在一起。在这里，匹诺曹就像一个完美的机器人。

智能机器人

有一类机器人的"智商"特别高，它们甚至可以和人类较量，它们就是智能机器人。世界上最出名的智能机器人就是"深蓝"，在1997年举行的一次特殊的国际象棋比赛中，"深蓝"战胜了国际象棋大师卡斯帕罗夫，这是机器人第一次在象棋方面战胜人类。

玩具机器人

还有一类机器人小巧可爱,招人喜欢,特别是小朋友,对它们更是情有独钟,它们就是玩具机器人。这些玩具机器人能做一些简单滑稽的动作,或者发出引人注意的声音,成为许多小朋友的好伙伴。

← 这是制作的机器狗玩具,它可以模拟宠物狗的行为,比如爬动、卧下和行走。

服务机器人

你能想象有一天机器人给人类做手术,或是照顾病人吗?这些机器人医生和护士能够全天工作,能够在一定范围内应付任何突发情况,因此由它们来做一些手术,我们还是可以放心的。可以想象,在未来,机器人在医学上的应用会更多。

↓ 常见的服务机器人一般用在咨询和指引道路上

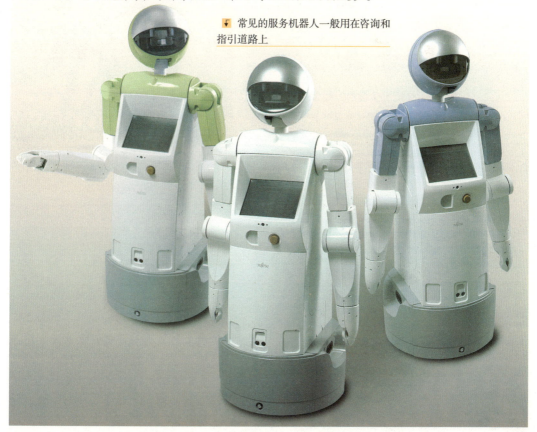

机器人的大脑

我们能做各种事情，那是因为我们的大脑在指挥我们的身体活动，机器人要做一些事情的话，也需要大脑指挥，但是机器人的大脑和我们人类的大脑大不一样。

需要什么样的大脑

我们知道，机器人通过程序来控制自己的行为，而这套程序是人类工程师编写和输入的，现在机器人的大脑要能够记录和执行程序，从这里我们知道，机器人的大脑是一个微处理器系统。

小 知 识

我们经常会把发生过的一些事情遗忘，这是因为我们的大脑是通过外界刺激来记录信息的。机器人的大脑是依靠更牢固的方式来记录信息的，所以它能把一些信息记录很长时间，不会遗忘。

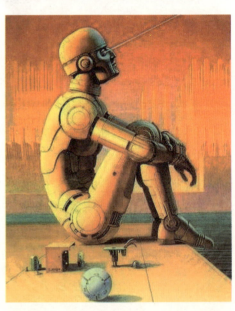
🔺 机器人大脑的功能直接决定了机器人能够做些什么

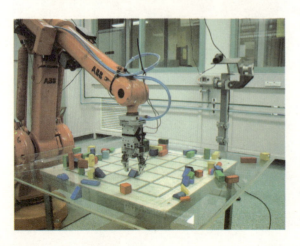

简单的大脑

有的机器人只做很简单的工作，让它们运行的程序也比较简洁，比如工厂流水线上的机器人，它们重复完成简单的动作，是因为控制它们的程序十分简单，而且循环执行。执行这样的程序需要的微处理器并不强大，只要它能长时间工作就行。

智能大脑

　　智能机器人的大脑就复杂得多了，它需要记录很多条程序，每接收到外界刺激信号时，就会把这种信号按照一定规则和程序对应起来，激活这条程序，然后按照程序命令运行。

比如你对一个机器人说："你好吗？"它就会搜索自己的程序库，然后由程序控制，回答："是的，我很好。"

◄ 智能机器人的大脑可以通过感受光线和声音来判断外界环境的变化。这个智能机器人正在判断工程师手上拿的是什么东西。

记录数据

　　机器人的大脑还要能记录数据，这些数据包括人类预先输入的程序和指令，也包括机器人通过"眼睛"、"鼻子"和"嘴巴"等部件收集到的信息，然后通过利用这些信息，对外界刺激做出反应。通常，作为机器人大脑记忆部分的是一个专用的电子数据存储器，它是机器人大脑中非常重要的一部分。

◄ 我们人类大脑有个很重要的功能就是判断身体的运动，以保持平衡，这看起来简单，实际上十分复杂，直到今天机器人也不具备这样的功能，它们是依靠身体形状来保持平衡的。

 # 机器人的动力

当你行走的时候,或是拿起一个杯子,这些动作都要花费力气,机器人在做事情的时候,也要花费力气。我们人类的力气来自于肌肉,那机器人的力气是从哪里来的呢?

机器人的能源

我们人类可以吃食物来获得能量,机器人从能源获得能量。现在的机器人都是使用电力驱动的,所以那些固定的机器人都是使用工业用电,可以移动的机器人使用蓄电池,而那些在太空或其他星球作业的机器人会使用太阳能帆板,从阳光中获得能量。

➡ 太阳能帆板可以将太阳光的能量转化为电能,供应给机器人。

传送带

传送带是连接机器人马达和不同部分的零件,它是套在马达和其他部件上的一条带子,通过传送带,马达可以带动齿轮一起转动,实现机器人运动的目的。如果机器人的传送带出现故障,那整个机器人就无法正常运转了。

⬅ 传送带可以使马达带动其他部件运动,它的作用有点像我们人体的肌肉。

马达

电源虽然对机器人很重要，但是它要通过马达的带动，才能让机器人运转。在机器人内部有一个马达，它利用电力转动，然后带动其他机器零件一起运动，使机器人能够完成复杂的任务。

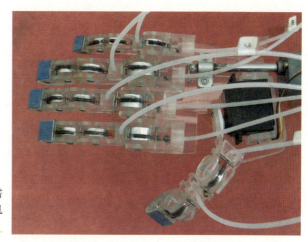

➡ 马达是提供机器人动力的仪器，根据实际需要，机器人身上可以安装多个马达。这个是驱动机器手运动的马达。

小 实 验

找两个干净废弃的针管，用一条软管把这两个针管的底部连接起来，给里面注满水。然后用手指轻轻地推一个针管，看看另一个针管会有什么反应。你会发现另一个针管被推起来了，这是利用液体的性质制造的一个远程控制系统。

其他动力

有时候机器人也会用其他动力，尤其是对于那些非常小的机器人，它们会使用分子形状改变释放的动力来驱动，比如纳米机器人就可以用大分子形状改变释放的力来运行，而一些特定的光线就可以促使大分子的形状发生改变。

➡ 纳米机器人只需要很小的动力就可以移动

机器人的五官

我们有眼睛，可以看到图像；我们有耳朵，可以听见声音；我们有鼻子，可以闻到气味；我们有舌头，可以尝到味道。机器人是如何感知外部世界的呢？它们也有自己的"感觉器官"。

机器人如何判断距离

我们长着两只眼睛，所以在物体不太远的情况下，我们可以判断一个物体离我们大概有多远。但是机器人却没有这种能力，它只能通过触手来判断物体距离自己有多么远。

🔺 有一些机器人的眼睛可以发出红外线，这样可以在晚上看得更清楚。

机器人的眼睛

机器人需要一个类似人的眼睛的系统，这样才能看到外部世界。通常机器人的眼睛是一个接收光信息的系统，这个系统会把光信息传送到控制者或者控制系统，然后根据接收到的光信息来决定机器人接下来应该做什么。

机器人的鼻子

有时候,我们需要机器人帮助我们分析一些气体,这个时候机器人的鼻子就起作用了。机器人的鼻子并不能让我们知道气体的气味是什么,但是它能让我们知道这些气体是什么,都是由什么元素组成的。

小 实 验

如果你是一个机器人设计工程师,那么你想象中的机器人都应该具备什么样的能力呢? 除了在这一页中提到的机器人的感觉设备以外,你还想给机器人加什么装置呢? 用笔把自己的设想画出来吧,也许你的想法会让机器人设计前进一大步呢!

机器人的嘴巴

机器人也有嘴巴,不过它的嘴巴不是用来吃饭的,而是用来分析物质成分的装置。在拿到一块石头或其他样品以后,机器人会把它放到嘴巴里,分析这个样品是由哪些化学元素组成的。

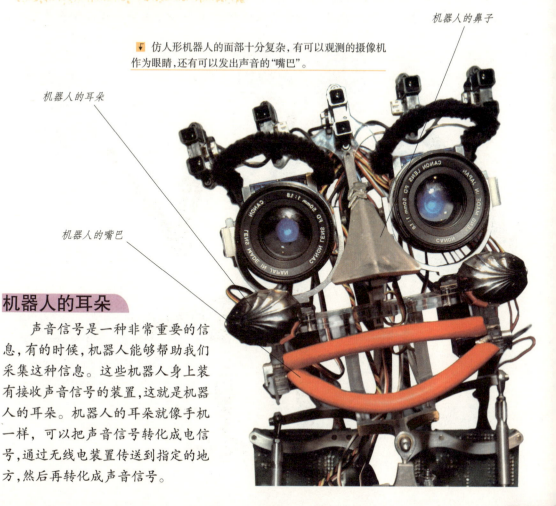

机器人的鼻子

⬇ 仿人形机器人的面部十分复杂,有可以观测的摄像机作为眼睛,还有可以发出声音的"嘴巴"。

机器人的耳朵

机器人的嘴巴

机器人的耳朵

声音信号是一种非常重要的信息,有的时候,机器人能够帮助我们采集这种信息。这些机器人身上装有接收声音信号的装置,这就是机器人的耳朵。机器人的耳朵就像手机一样,可以把声音信号转化成电信号,通过无线电装置传送到指定的地方,然后再转化成声音信号。

机器手臂

在现代化生产的工厂里，你会看到许多繁忙地做着单一动作的机械手臂，它们就是工业机器人，主要用来完成那些需要重复完成的固定任务，比如焊接、喷涂等。

一个"大脑"

虽然在流水线上作业的机器手臂很多，但是它们都是由一个大脑控制的，它就是中心电脑，只要工程师把固定的程序设计好并输入这个大脑，它就会按照指令指挥手臂完成工作。

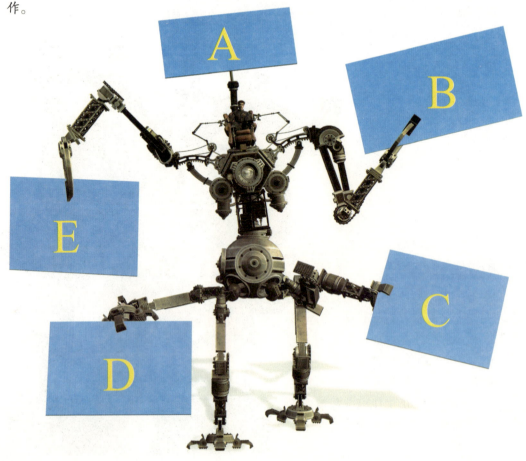

太空中的机械臂

机器手臂还上了太空。在国际空间站上就安装有一副巨大的机械手臂，当太空站外部的一些设备被损坏的时候，控制人员就可以通过机器手臂来修复破损的地方，但是如果破损的地方太过严重，就需要宇航员进行太空行走，手动修复太空站损伤的地方。

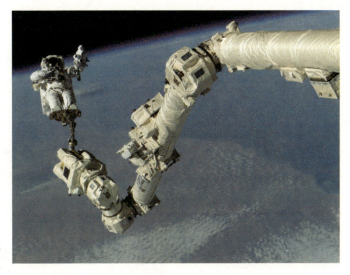

➡ 这是安装在国际空间站上的大型机械手臂

小 故 事

现在科学家设想发明一种机器手臂，这个机器手臂可以接收和执行人的大脑发出的命令，如果这项发明获得成功的话，对那些手足残疾的人会有非常大的意义。

灵活的手臂

有的机器手臂十分灵活，能够抓取要求的物品，比如安装在海底探测机器人身上的手臂，可以牢牢地抓住海底岩石样品，把它们带到陆地上，供科学家研究。曾经有人用机械手臂轻轻地拿起一个鸡蛋，虽然机器人的力气很大，但是却并没有把这个鸡蛋摔到地上，而是把它安全地放到了指定的地方。

手术台上的机器手臂

无论你相不相信，机器人还可以给人类动手术，它们的主要部分就是灵活的机器手臂。通常一台手术机器人会有多个机器手臂，和人类相比，机器人的手臂非常平稳，不会抖动，但是这个机器人是由专业的医生控制的，除非你的医术高超，否则不要想去操作手术机器人。

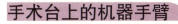

➡ 在医生的指挥下，机器人可以很好地给病人做手术。

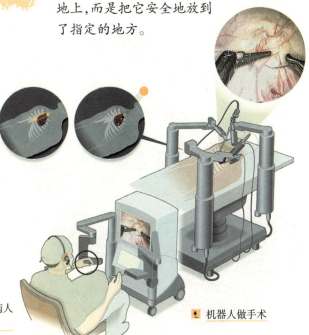

⬆ 机器人做手术

 # 机器人的腿

我们都希望机器人能像人一样灵活地走动，这样就免不了提到机器人的腿。也许你不知道，机器人的腿并不简单，而且有许多种不同结构的腿。

四条腿的机器人

有的机器人有四条腿，这样它们就可以像动物一样在地上跑来跑去，这类机器人一般制作得十分可爱，大多用作娱乐。

➡ 四条腿的机器人十分平稳，不容易摔倒。

轮子

机器人最常见的腿就是轮胎，这叫做轮腿，轮腿不仅使用方便，而且可以让机器人以很高的速度运行，早期机器人大多体型较大，因此大多采用轮腿，方便移动。现在，一些在野外作业的机器人也多采用轮腿。

履带机器人

有的机器人需要到路况比较差的地方执行任务，这个时候它需要履带作为自己的腿。履带能在坑坑注注和高低不平的地方行驶，因此履带是机器人最常使用的运动结构。

➡ 履带式移动机器人支撑面积大，适合于松软或泥泞场地作业，可以很容易通过路面状况差的地方。

⬆ 蜘蛛机器人有八条腿,这样更平稳。

小 知 识

在机器人的身体里还有关节,这些关节连接着不同的部件,让这些部件可以按人设想的规则来活动,有的机器人的关节设计成自由关节,让机器人的手臂和腿更灵活地活动。在机器人关节里还有自由伸缩的关节,这种关节在人体里可找不到。

蜘蛛机器人

如果你看到一个机器人有八条腿,那一定会想到蜘蛛吧。这类机器人通常在那些碎石遍地的地方使用,这样可以避开石块行进,但是蜘蛛机器人也因为腿多而行动缓慢。

综合的机器人腿

当我们需要把一个机器人送到其他星球去执行任务的时候,机器人将遇到无法预料的行走问题,因此科学家给机器人装上了结合履带和轮子优点的运动装置,这样机器人就可以在情况复杂的地面上行驶了。

⬇ 火星探测机器人采用综合腿,可以应付火星表面复杂的环境。

街头机器人

现在，在街头已经出现了自动智能机器人，也许你还没有想到，那些司空见惯的机器竟然就是机器人，但实际上它们的确是用设计机器人的办法设计出来的，只是外形和我们想象中的机器人有比较大的差别。

自动取款机

自动取款机是一种被广泛使用的自动机器，它由一定的程序控制，并连接有网络，可以和银行的总机随时保持联系。自动取款机的外部是十分坚固的外壳、操作按钮和显示器，内部有货币计数器、传送带和检测装置。当你把指定的银行卡塞进自动取款机，输入密码后，就可以进行一系列的操作了。另外，自动取款机上一般还装有监视镜头，就像是眼睛一样，注视着在取款机前取款的人。

第一台自动取款机

1967 年 6 月 27 日，世界上第一台自动取款机出现在伦敦附近的巴克莱银行分行。人们对这个先诞生的自动机器充满了好奇。在人们的关注下，一位被银行特邀的人从自动取款机里取出了一张面值 10 英镑的纸币。因为自动取款机十分方便，因此在全世界推广的速度非常快。

◀ 自动取款机（ATM）是由计算机控制的金融专用设备，除了提供金融业务功能之外，ATM 自动取款机还具有维护、测试、事件报告、监控和管理等多种功能。

自动售货机

　　自动售货机是一种不需要营业员的自动商店,你把硬币从投币口投进去,然后选择需要的商品编号,那个商品就会从出口滚出来。在自动售货机里,有一套装置可以识别货币,如果顾客投入的货币有多余,在交付商品以后,自动售货机还可以给顾客找零钱。

　　机械自动售货机很早就出现了,在古希腊时代,有人在神庙里放置了圣水壶,只要投入钱币,圣水就会自动从壶里出来。这个圣水壶是利用杠杆原理设计的,投币筒内的平板和圣水壶的活塞被一个杠杆连接起来,当投入硬币后,活塞会被压起来,于是圣水就从壶里冒出来。

➡ 自动售货机是商业自动化的常用设备,它不受时间、地点的限制,能节省人力,方便交易。

现代自动售货机

　　早在17世纪的时候,在英国就出现了能自动出售香烟的售货机,但是当时的售货机是机械式的。现代售货机是在电子技术兴起以后发展而来的,由电子芯片控制的自动售货机不仅功能完备,而且可以出售更多商品,由此得到了商家和顾客的喜欢,成为商品贸易领域里的新形式。

微型机器人

血管这个词你一定听说过，清洁工这个词你一定也听过，但是血管清洁工这个词你听说过吗？它和一种神奇的机器人有关，这种机器人就是微型机器人。

什么是微型机器人

人们通常认为机器人都是高大威猛的巨人，即使一个手臂都要比我们大，但是在现实中，还存在一类非常微小的机器人，它们就是微型机器人。尽管大多数微型机器人正处于研制阶段，但它们仍然吸引人们的注意。微型机器人的体形很小，和蜻蜓或苍蝇一样大，有的甚至更小，小到我们看不见它们。

⬆ 初期的微型飞行机器人大多是采用螺旋桨，就像一架小小的直升机一样。

蜻蜓机器人

蜻蜓机器人就是外形和蜻蜓类似的机器人，这种机器人的翅膀由特殊材料制成，能经受高速扇动带来的冲击力。蜻蜓机器人可以用于远程探测，因为体积狭小，不容易被发现，所以蜻蜓机器人最适合做的就是侦测情报。

⬅ 模仿蜻蜓的机器人虽然现在还处于试验阶段，但是工程师对它的前景充满了希望。

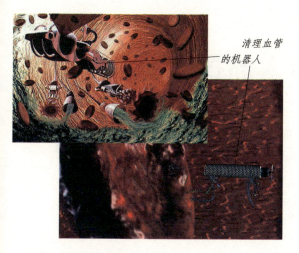

清理血管的机器人

血管清道夫

　　现在，一些科学家设计了一种非常微小的机器人，这种机器人可以在人的血管内穿行，把附着在血管壁上的物质清理掉，使血液能在血管里顺畅流动。当然，你不用担心这种微型机器人会对你的身体健康造成危害，在完成工作后，它们会在一段时间后溶解在血液里，然后被排出体外。医生们还希望这种机器人可以完成杀死癌细胞的工作，这样就有可能彻底治愈癌症。

智能分子剪刀

　　有的时候，科学家们需要一种非常微小的智能剪刀，可以把大的分子剪切成更小的分子，这种智能剪刀就是纳米机器人的一种。在特定的光线的影响下，这种分子的形状会发生变化，可以张开和闭合。分子机器人与我们常见的机械机器人完全不一样，它们身上没有机械加工的成分，而且完成的工作很简单，但却是非常重要的一种机器人，在未来，它们起到的作用会超乎你我的想象。

小 知 识

　　我们知道分子是由原子组成的，大分子可以看做是由小分子组成的。小分子在特定光线的推动下，虽然不会脱离大分子，但是可以在大分子周围空间中转动，这种现象可以被科学家利用来做许多事情。

纳米机器人可以在人身体里穿行，寻找病源。

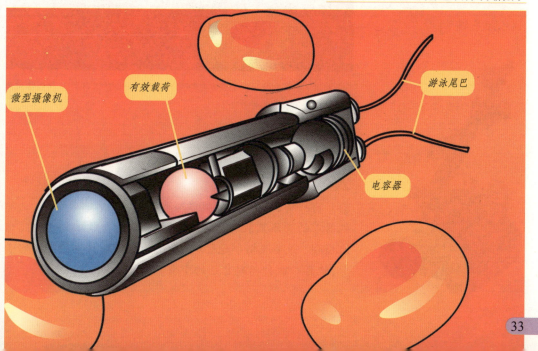

微型摄像机　　有效载荷　　游泳尾巴　　电容器

机器人的控制

我们的大脑控制着我们身体的运动，但是机器人的控制可不仅仅是依靠大脑，机器人首先要受到人类的控制，人类命令它们做什么，它们就做什么，人类也是通过不同的方式控制机器人的运动。

机械控制

机械控制是最常见的机器人控制方式，这种方式多出现在工业机器人上，工程师只要把命令输入到工业机器人的"大脑"里，机器人就会在这些指令的控制下做相应的动作。这种控制方式十分简单，对于完成重复工作的工业机器人来说已经足够了。

🔺 机器人的控制是一门十分重要的研究课题，控制方法得当的话，可以使机器人完成更多更复杂的任务。

人工操作

有一类机器人是靠操作人员控制完成各种动作的，这类机器人的身体里装有通讯设备，能够及时接收操作人员发出的指令，并按照指令进行运作，比如控制人员抬起自己的手臂，机器人就会抬起自己的手臂。

重要的芯片

　　无论是哪一种控制机器人的方式，都需要有相应的电子元件来实现。在机器人系统中，实现控制命令的是芯片，这些芯片把输入的电信号经过处理，输出执行指令的信号，这样机器人就可以做人类指定的工作了。

　　◀ 机器人的控制主要是依靠电子芯片来实现的，电子芯片可以把储存的指令转化成驱使机器人行动的信号。

智能控制

　　智能控制是现在最先进的机器人控制方式之一，工程师不仅会设想机器人如何工作，也会设想机器人可能遇到的实际问题，并把如何解决这些问题的指令输入机器人的"大脑"，这样机器人自己就可以解决遇到的一些问题。这类智能控制的机器人大多用在礼仪和太空探索上，具有很大的前途。

　　◀ 太空机器人具有机械臂和电脑，能实现感知、推理和决策等功能，可以像人一样在事先未知的空间环境下完成各种任务。

小　实　验

　　你有没有玩过遥控汽车？这种玩具有一个遥控器，你按遥控器上的按钮，就可以控制汽车前进、转弯和后退，这个遥控器就是一个小小的命令发射器，在汽车上有接收和转化信号的电路板，可以接收信号和执行指令。

科学在你身边

不怕危险的机器人

> 　　探索自然界并不是容易的事情，因为自然环境随时会发生变化，这个时候我们就需要那些不怕危险的机器人来帮助我们探索。不仅如此，这些机器人还可以在很危险的环境中代替人类进行作业。

科学探索

　　地质学家经常需要探索海洋深处、火山活动或奇特地质现象，但是这些探索活动都有很大的危险性，甚至会有生命危险，而这些工作都可以由机器人来代替，只要它能平安地到达目的地。现在我们看到的其他行星的图片，都是机器人拍摄的。有了机器人作为帮手，科学家不用去外星就可以做研究了。

扫除地雷

地雷是一种隐蔽性极强的武器，杀伤力也很强，而扫除地雷也是一件充满危险的工作。这个时候人们可以用自动控制的扫雷车来清除地雷，它也是一种机器人。当扫雷机器人探测到可能有地雷的时候，会压上去，引爆地雷，坚硬的底盘可以保护机器人免受地雷爆炸造成的伤害。

↓ 扫雷机器人可以探测到地下埋藏的地雷

清除核污染

核辐射对人体有很大的伤害，如果一片区域被辐射性物质污染，就需要清除，如果人去清除，会使工作人员受到核辐射的危害，但是机器人去就安全多了。在人的操作下，机器人可以完成清除核污染的工作，等到这个环境的核辐射降低到一定程度，就可以进行人工清除了。

清除化学毒剂

有时候，因为战争或者工厂事故，一些有毒化学物质会被释放到环境中，威胁人类的生命安全，这时清除化学毒剂的机器人就派上用场了。这些机器人会向被污染的环境中喷洒药剂，消除有毒的化学物质。

巨大的金字塔是古埃及法老的陵墓，但是金字塔内也是一个不安全的地方，考古人员可能会受到未知细菌的袭击，因此考古人员使用特制的机器人来探索金字塔内部，这样既不会受到伤害，也不会损伤金字塔内古老的文物。

➡ 机器人探测和清除有毒化学物质

爆破机器人

爆破机器人是一种在极端危险的环境下工作的机器人。它们经常会和炸弹等一些爆炸性装置打交道，所以这类机器人虽然十分少见，但是地位却非常重要，在关键的时刻，它们也许能制止一场灾难。

排除炸弹

我们会在电影或电视中看到恐怖分子在人群密集的地方安装炸弹，然后就会有专业人员过来排除这枚炸弹。在现实中，这是一个十分危险的任务，如果拆除失败，爆炸的炸弹就会对拆除炸弹的专家造成很大的危险。这个时候机器人就可以代替专家来拆除炸弹，减少损失。

➡ 排爆机器人可以在人工指令操作下转移危险物品，解除它对周围人群和建筑的威胁。图中这个排爆机器人正在接近一个危险物品，并试图探测和转移这个包裹。

小 知 识

在现代炸药中，最常使用的就是三硝基甲苯，就是我们常说的 TNT 炸药，它的颜色是淡黄色的，所以也被叫做黄色炸药。这种炸药是瑞典化学家诺贝尔发明的。

引爆炸弹

炸弹的引爆通常是由人来控制的，但在某些情况下，引爆的任务会由爆破机器人来完成。比如在开凿隧道的时候，一旦人工引爆失败，这个时候没有爆炸的炸药就变成了危险品，需要用机器人来检查和引爆。

转移危险品

　　爆破机器人不光能拆除爆炸物等危险品，它还有一个本领，就是可以把爆炸物安全地转移到指定地方。有的爆炸物难以拆除，只能引爆，但并不适合就地引爆，于是爆破机器人就会将之转移到车上，然后运送到指定的地方引爆。

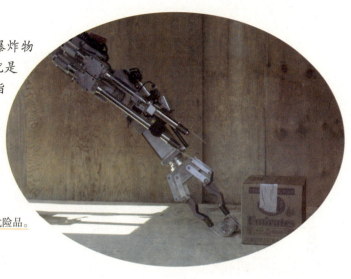

➡ 爆破机器人正在转移危险品。

探测爆炸区

　　爆炸过程中的变化是一项十分重要的研究课题，在以前，科研人员通常采用摄像机记录的数据研究一种新式炸药的爆炸对周围的影响，但是现在坚固的机器人可以替代录像机，机器人不仅可以记录爆炸时的影像，还可以记录到周围空气的变化，这样对于研究有很大帮助。

水下机器人

虽然水下机器人不是我们人类发明的第一种水下机器，但是它仍然吸引着人类的注意，因为在未来，它是人类探索海洋和未知水域的主要的工具。

什么是水下机器人

水下机器人也叫做遥控潜水器，它由水面母船上的工作人员操控，具有摄像设备或机械手臂，可以拍摄水底景象，探测水底地层，或者在人工操作下，用机械手臂进行水下作业。一般来说，水下机器人分为两种，分别是有缆遥控机器人和无缆遥控机器人。

小 知 识

一般的水下机器人依靠动力装置推动螺旋桨来运动，而仿生水下机器人的外形看起来更像是海洋中的动物，比如海蝎子和鱼，它们可以在海底沙地上行走，或者依靠人工制造的鳍滑水游动。

水下机器人对海洋环境的适应性和机动性好，可在水下进行多方向的自由运动。水下机器人配备有前视电子扫描图像声纳和旁扫声纳等探测装置、高清晰度水下电视、高精度跟踪定位装置及机械作业手等装备。通过这些设备来完成人们交给它的任务。

水底资源开发

　　水下机器人大力发展的主要动力来自于人类对能源的渴求，在20世纪80年代以后，海底石油资源成为新的开发目标，探测海底石油也成为首先进行的项目。水下机器人在这个方面有得天独厚的优势，它可以接近海底探测，找到石油蕴藏地的机会很大，因此受到石油公司的重视和支持。

◀ 有缆水下机器人可以在水上人员操作下作业

水下救援和打捞

　　水下机器人还可以探测那些沉没船只的位置，把缆绳系在船上，使水面的救援打捞船可以打捞出沉船。水下机器人也可以及时探测遇到海上事故的船只，并向受困者提供帮助，争取营救时间。

　　▣ 水下机器人广泛适用于水中兵器试验、海洋工程、水下考古、水库及水电站、海事保险、水下防护救助等领域，可完成水下目标识别、录像、水下沉物打捞、海底电缆检测、水下障碍爆破等诸多任务。

▣ 水下机器人比赛

探测大坝

　　大坝是拦截和聚集水的人造工程，一座大坝可以聚集很多水，这也意味着如果它崩溃了，会给附近的区域造成巨大的洪水灾难，所以人们需要水底机器人来检测大坝。水底机器人可以潜入水库底部，仔细地探测大坝上的裂痕，发现可能导致溃坝的危险，提前告诉人们大坝有哪些险情，以便修补大坝。

采矿机器人

　　矿产资源是现代人类社会必不可缺的资源，但是有的矿产所在位置十分险要，比如有些煤矿就深埋在地下，如果要去开采，就要面临很大的危险，这个时候机器人就可以代替人去开采矿石。

古怪的采矿机器人

　　采矿机器人不像我们平常见到的机器人，它们有自己独特的结构和外观，一台采矿机器人配有动力强大的发动机，触手是一个坚硬的开凿工具，可以把矿石搅碎，然后通过传送带送出矿坑。采矿机器人的身体结构也十分结实，可以经得起长时间的震动冲击。

▶ 测试采矿机器人

采煤机器人

　　有的时候，煤矿中有一层很薄的煤层，如果用人工开采，会对煤矿工人有很大的危险，用综合机械化采煤机采煤又很不方便，这个时候采煤机器人就派上用场了。人们遥控指挥机器人开凿煤层，并通过自身携带的光源和视觉传感器，将井下的图像传递给操作人员，供操作人员分析。

检测机器人

　　瓦斯是一种很容易燃烧的气体,如果空气中聚集一定程度的瓦斯,就有可能发生爆炸。在矿道里有时会聚集一些瓦斯,如果瓦斯足够多,就会发生爆炸,破坏矿道和威胁工人人身安全,检测机器人可以检测矿道空气中瓦斯的浓度,并发出警报,通知人们要通风,排除瓦斯。

↥ 自动检测机器人

小 知 识

　　煤层里会聚集很多瓦斯,在开采的时候这些瓦斯就会被释放出来,混合到空气里,因此煤矿隔一段时间就要检测一下,看看瓦斯含量是不是超标了,如果超过了标准,就用鼓风机加速井内空气流通,消除积累的瓦斯。

凿岩机器人

　　凿岩机器人可以通过传感器来确定巷道的上缘,这样就可以自动瞄准巷道缝,然后把钻头按规定的间隔布置好,钻孔过程用微机控制,随时根据岩石硬度调整钻头的转速和力的大小以及钻孔的形状,这样可以大大提高生产率,人只要在安全的地方监视整个作业过程就行了。

← "隧道凿岩机器人"主要应用于铁路、公路、矿山、水电等基本建设中的隧道开挖。

 # 服务机器人

有一类机器人能为用户提供某项服务，满足用户的需求，它们就是服务机器人。服务机器人是我们平常最容易看见的机器人，因此我们心目中的机器人形象大多是这种机器人。

护士的得力助手

"护士助手"机器人是一种医用服务型机器人，能自动搬运医疗器材和设备，为病人送饭、病历、报表及信件，运送药品、试验样品及试验结果，在医院内部送邮件及包裹等。"护士助手"机器人是由恩格尔伯格于1985年开始研制，在大约5年后进入市场。

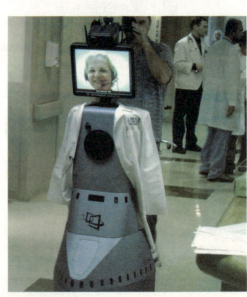

↑ 医用服务机器人可以减轻医护人员的负担

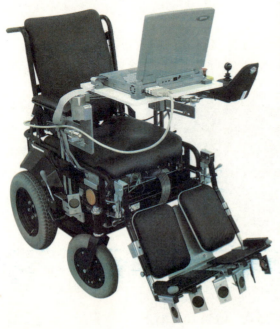

智能轮椅

虽然人类的医学发展到很高的一个程度，但是一些人仍然需要轮椅来活动，智能轮椅可以大大增加他们活动的能力。智能轮椅可以识别语音和口令，并做出相应的动作，能够利用超声波或红外线进行导航，这样可以寻找正确的道路。当然，智能轮椅也可以根据使用者的口令改变方向。

洗飞机的巨人

　　清洗飞机可不是一件轻松的活，对于那些体形庞大的飞机来说，尤其如此，因此人们发明了清洗飞机的巨型机器人。清洗巨人的机械臂向上可伸 33 米高，向外可伸 27 米远，可以清洗任何类型的飞机，有时它甚至可以越过一架停着的飞机去清洗另一架飞机。

◀ 清洗机器人可以快速地清洗大型机械设备

小　知　识

　　服务机器人是一种十分重要的实用机器人，如果服务机器人能够全面进入人类生活，那么会使我们的生活方便很多。比如，你再也不用为在城市迷路而担忧，因为有服务机器人可以帮你找到正确的道路。

导游机器人

　　导游机器人的脑子里存储了许多关于景点的资料，它们可以根据指令向游客介绍风景名胜的各方面资料，比如某个风景名胜的历史和传说故事。在 1995 年伦敦举行的欧洲有线通讯博览会上，现代移动机器人公司展示了他们制造的一个能够用于导游的机器人，引起全世界的轰动。

➡ 导游机器人装备有先进的计算机语音处理系统，它能听懂人讲英语，并根据计算机存储的信息做出相应回答。机器人体内的计算机还可以根据雷达探测到的数据，选择自己的行走路线，它适用于商店导购、宾馆服务及为盲人导向等工作。

娱乐机器人

机器人也可以作为我们人类的娱乐工具，比如机器人可以唱歌和表演滑稽的动作，它们特有的运动方式和巧妙的语言风格给许多观众留下难以磨灭的印象。

微型相扑手

相扑是日本传统的体育比赛项目，现在连机器人也参与这项比赛了。一家机器人研究所研究出可以进行相扑比赛的机器人，这种机器人还没有人的手掌大，但是它们比赛的时候却有模有样，让人忍俊不禁。

➡ 机器人相扑比赛起源于日本，其比赛规则比较宽松，给参赛者留有较大的发挥空间。机器人相扑比赛规则要求机器人的长和宽均不得超过20厘米，重量不得超过3千克，对机器人的身高没有要求。

机器人电影演员

在一些电影中，我们也可以看到机器人演员的身影，它们出现在银幕上，有时候能让整部电影生辉，比如在喜剧电影《摩登时代》中，那个能自动喂饭的机器人在给卓别林喂饭的时候，因为程序设计不合理，让主角吃了一点苦头，给无数观众带来欢笑。

机器人歌唱家

机器人还可以大声歌唱，在一次大型聚会上，主办方运来一个外貌酷似帕瓦罗蒂的机器人歌唱家登台献艺，当它开始歌唱的时候，参加聚会的宾客都被它那歌喉所震撼。在演唱会结束以后，这个冒牌的"帕瓦罗蒂"还为宾客签名留念。

⬆ 模仿著名歌手高歌一曲对机器人来说并不困难

小 故 事

在一次机器人博览会上，一位游客问一个机器人："你是男孩还是女孩？"机器人的大眼睛看着他，用清楚的机械声音回答："我们机器人没有性别区分。"它的俏皮的回答让围观者开怀大笑。

机器人演奏家

你能想象机器人用小提琴为你演奏一首曲子吗？研究机器人的科学家已经制造出这种机器人，它有着一个十分灵活的手臂，可以拉动琴弦，另外一只手压着琴弦的另一端，演奏出乐曲。当然现在机器人还不能演奏出十分悦耳的音乐，但是在未来，谁也不敢说机器人演奏家就不会出现在金色大厅里。

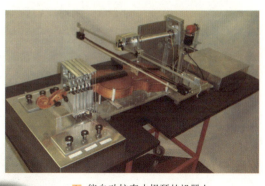

⬆ 能自动拉奏小提琴的机器人

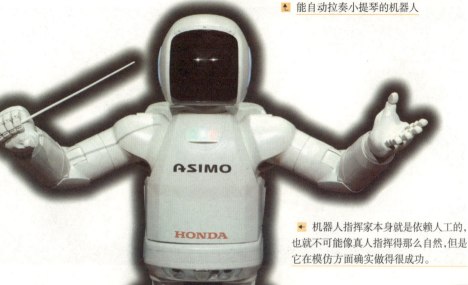

⬅ 机器人指挥家本身就是依赖人工的，也就不可能像真人指挥得那么自然，但是它在模仿方面确实做得很成功。

机器人玩具

在现代社会里,对机器人最感兴趣的就是小孩子了,因此一些工程师专门为儿童设计了机器人玩具,满足他们想要得到一个机器人的愿望。

八音盒

八音盒出现的时间很早,但是在现代技术的装备下,八音盒已经不是过去那种只能发出简单音调的盒子,而是一个能唱歌的智能盒子了。在智能八音盒里记录了优美的曲子,当打开盖子的时候,八音盒的"大脑"就会发出指令,让发声设备发出特定声音。

➡ 八音盒

机器人宠物

机器人不仅是帮助人类劳动的工具,有一些机器人还能充当宠物的角色。这些机器人宠物不需要喂食,也不会弄脏家里的地板,但是它们却憨态可掬,惹人喜爱,比如机器狗这种宠物机器人就是如此,许多机器人迷都被机器狗的活泼可爱所吸引。

➡ 摇滚音乐机器狗

机器虫子

你一定见过或听过斗蟋蟀的，但是你有没有见过机器人虫子互相搏斗呢？这种机器人也是一种最新的宠物，它们的体积狭小，有六条腿，运动缓慢，但是却可以像大力士一样互相搏斗，因为动作十分滑稽可笑，所以许多人都喜欢这种机器人玩具。

▲ 机器人爬虫3号

◀ 六足爬虫机器人每条腿均由两个马达驱动，由多个感应器来探测周围的环境并由内置的电脑分析后发布指令来控制每条腿的动作。它可以以非常协调的动作攀爬墙壁、树木等垂直的平面，而且能够根据不同的弧度做出不同的动作以保持平衡。

机器人舞蹈家

机器人舞蹈家是一种特殊的机器人，它们可以记录人跳舞的姿势，然后按照指令重复这些姿势，完成跳舞的指令。舞蹈机器人是当今世界上最精密的机器人之一，因为命令机器人跳舞的确不容易，它涉及如何让机器人灵活运动的同时保持平衡。

 这是一台正在跳舞的机器人，它的脚很大，以保持平衡。

小知识

一些玩具机器人的外形和卡通片或是电影里的著名机器人十分相似，比如变形金刚玩具，不过这些玩具除了外形和机器人相似，其他方面都不符合机器人的要求，因此它们不能算作是机器人。

农业机器人

在今天，机器人不仅仅是工厂里不知疲倦的焊接工和精巧绝伦的玩具，它们还走到了田间地头，让最古老的农业也展现出现代化的一面，如果你在农田里看到一个现代的机器人，你会怎么想？

为什么需要农业机器人

在一些发达国家里，人们纷纷涌进城市里，尽管发达国家的农业大多采用机械生产，但是农业劳动力依然不足，在这种情况下，工程师研制了农业机器人，帮助人播种和收获粮食，以使人不至于为食物短缺而发愁。农业机器人的应用大大减低了农业劳动强度，也降低了农业对劳动力的需求。

自动耕耘的机器人

如果将来有一天你在农田里看到一台机器在没有人控制的情况下自动耕种,请不要吃惊,它是一台自动耕耘的机器人。在自动程序的控制下,耕耘机器人知道什么时候该耕耘土地,哪一块土地需要耕耘,什么时间该完成自己的工作,耕耘机器人还会为接下来的播种创造条件。

 这个机器人正在农田里巡逻,防治害虫,保护庄稼。

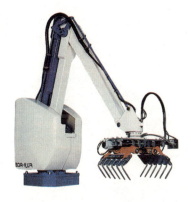

采摘机器人

你见过采摘机器人吗?这种机器人可以灵活地把水果和其他农业产品从枝头上采摘下来,不仅采摘速度快,而且那些位于树顶的果实也能被它采摘下来,比人工采摘方便多了,唯一的不足就是还不能适应作业场地,所以这种机器人目前还处于试验阶段。

杀虫机器人

杀虫机器人可以携带大量杀虫剂,然后均匀地喷洒在农作物上,杀死害虫。杀虫机器人一次背负的农药多,可以杀灭大片农田的害虫,也不怕因为长时间接触农药而中毒,既提高了农业生产效率,又保证了生产的安全。

小 知 识

农业是维持人类社会存在的基础产业,如果一个国家的农业生产出现问题,那么这个国家的所有活动都无法顺利进行,所以有许多机器人设计者都在设计能够为农业生产服务的机器人。

 # 军用机器人

如果要评选一下哪些方面应用的机器人最多，那毫无疑问是军事方面了。在军事领域,机器人可以侦察敌情、清除危险物品、执行精确攻击任务和迷惑敌人,总之,战场上的机器人令对手胆寒。

无人机

无人机是现在使用中的军用机器人,在无人机执行任务以前,科学家就把程序设置好,在无人机起飞后,它会根据指令飞行,侦察敌人的军事部署,或者在敌人不注意的时候发动突然袭击,把敌人打个措手不及。

▶ 无人机不需要驾驶员驾驶,就可以根据指令完成任务。

间谍机器人

机器人的外形可以由人来设计,所以特别适合侦察。一只蚊子大的飞行机器人就可以刺探对方的军事战略和部署,而它被发现的可能性很小,因为极少有指挥官会想到自己耳边有一个嗡嗡叫的间谍在刺探情报。

◀ 这是一个微小的蝉状机器人,它体积小,可以用来刺探敌军情报。

修理机器人

和普通军事人员相比，机器人具有很好的执勤效率，如果情况需要，它们可以连续工作几天而不用休息，所以一些简单的活就交给了机器人，比如修理破损军事设施和运输物资。

◀ 机械臂抓卫星。 1984 年 4 月 6 日"挑战者"号航天飞机上天后，宇航员首次抓获和修理轨道上的卫星成功。

战斗机器人

战斗机器人都配备有武器，可以执行一定的作战任务，比如反坦克机器人可以攻击坦克，固定防御机器人可以出其不意地攻击敌人，溜炮机器人可以提供强大的火力支援，飞行助手机器人可以给飞行员最好的飞行参考意见，等等。

小 故 事

在 1966 年，美国海军机器人"科沃"潜入海中，在深达 750 米的海底，把一枚不慎失落海底的氢弹成功打捞起来，这次成功让人们对机器人刮目相看。

机器人的比赛

> 不光人类有奥运会，机器人也有自己的体育盛会。在机器人运动会上,各种不同的机器人在比赛场上一试身手,比拼本领,机器人奥运会让机器人技术传播得更广,发展得更快。

机器人的比赛项目

机器人运动会设置的比赛项目没有人类的多,但是它的范围却很宽广,因为一些选手会在空中进行比赛。就现在举办过的机器人运动会中的项目包括:搜救、躲避障碍、投篮和旋翼等,在这些项目的比赛中,机器人设计者增长了丰富的经验,设计的机器人也能完成更多的动作和任务。

搜救机器人

🔼 微型搜救机器人带有明亮的发光二极管,这样在黑暗的场所飞行时,可以被遇险者发现,提高搜救的效率。

搜救

搜救需要机器人在地形复杂的运动场上迅速地找到目标,并把目标转移到指定的地区。一台机器人寻找的目标物体越多,用的时间越短,那么它积累的分数就越高,当比赛终止时,哪个机器人的积分最高,哪个机器人就获胜。

打篮球

机器人打篮球和人类篮球不一样,在机器人篮球场上,机器人要按照指定的路线,把篮球投掷到篮子里,每投进篮球,就可以获得一定的分数,比赛结束时,哪个队伍积累的分数越高,哪个队伍就获得胜利。

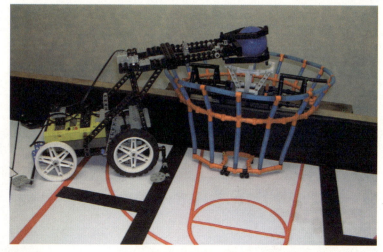

小 实 验

机器人比赛项目都是侧重于机器人应用方面,你能不能找一些杂志和资料,看看国际机器人比赛都有哪些项目,它们都是测试机器人的哪些方面的本领的。比如搜救就是考验机器人的分析和行动本领的。

灭火

参加灭火比赛的机器人要在最短的时间里找到火源,并把水喷在燃烧的火焰上,这样的机器人身上装有热传感器,可以发现火源的位置,同时会通过摄影装置分析最佳路线。不同的机器人灭火比赛,其胜利条件也不一样,有的以灭火的时间为获胜条件,灭火所用时间最短的参赛机器人获得胜利;有的比赛采取积分制,哪个机器人在规定时间里灭的火堆最多,它就获得胜利。

➡ 消防机器人可代替消防队员接近火场实施有效的灭火救援、化学检验和火场侦察,它的应用将提高消防部队扑灭特大恶性火灾的实战能力,对减少国家财产损失和灭火救援人员的伤亡将发挥重要的作用。

机器人足球赛

机器人不仅仅是应用和娱乐工具，它们还进入了体育领域，进行各种体育比赛。这不，人们为机器人设置了专门的足球场，让机器人在足球场上一展身手。

FIRA 足球比赛

FIRA 是国际机器人足球协会的英文缩写，也是机器人足球比赛的主办组织。FIRA 每年都会举办一次机器人足球世界杯赛，在这次足球赛上，来自不同国家和地区的机器人选手都会在一个小小的足球场上较量一番。

比赛的项目

机器人足球比赛一共设置了 7 个比赛项目，分别是超微、单微、微型、小型、自住型、拟人型和仿真型机器人足球比赛。这些比赛的场地大小不一样，参赛的机器人数量也不尽相同，但是规则基本一致。

智力比赛

　　虽然参加机器人足球赛的是机器人，但是受到考验的却是机器人设计者的智慧，因为机器人在场上所做出的任何动作，都是依靠设计者事先设计的指令进行的。不同的设计者会设计出不同行为的机器人，因此观众经常可以在机器人足球比赛场上看到有趣的一幕，比如两个机器人把球夹在中间，动弹不得，或者原地不断转圈。

▲ 机器人足球赛现场

小 知 识

　　世界上最出名的机器人足球比赛有两个，一个是由 FIRA 举办的机器人世界杯比赛，另外一个是由 RoboCup 组织举办的机器人世界杯比赛，这两项比赛都促进了机器人技术在全世界范围内的交流。

◀ 也许在未来，我们会在足球场上看到机器人足球运动员的身影。

场地上的考验

　　参加机器人足球赛的机器人都是需要自主判断行为的机器人，也就是说它们不能被人遥控，而是要自己决定什么时候该做什么，比如抢球、带球和射门，而且在这个过程中要尽量控制自己不要犯规，否则会被裁判红牌罚下的。

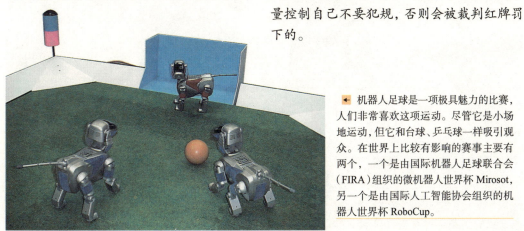

◀ 机器人足球是一项极具魅力的比赛，人们非常喜欢这项运动。尽管它是小场地运动，但它和台球、乒乓球一样吸引观众。在世界上比较有影响的赛事主要有两个，一个是由国际机器人足球联合会（FIRA）组织的微机器人世界杯 Mirosot，另一个是由国际人工智能协会组织的机器人世界杯 RoboCup。

仿人形机器人

在机器人世界里有一种机器人特别引人注目，它们的身体结构和人很像，有一些几乎和人一模一样，如果不仔细看，你甚至不能把这些机器人与普通人区分开来，它们就是仿人形机器人。

复杂的仿人形机器人

仿人形机器人是一种十分复杂的机器人，因为它的研制要涉及美术、化学、智能仿生、自动控制和智能技术等多个领域的尖端知识，因此说它是最尖端的机器人也丝毫不过分。自从机器人这个词汇出现以后，人类就想着制造出仿人形机器人，但是直到今天，仿人形机器人的设计和制造依然存在许多问题。

仿人形机器人的身体外形与人类十分相似

双腿行走的机器人

仿人形机器人是采用两条腿走路的，我们人类在走路的时候，大脑会不断地调整身体姿势，使身体保持平衡。但是仿人形机器人如果用双腿走路，它们很难保持平衡，因为这需要大脑对自身姿态的实时感知和控制，这就需要机器人不断地分析自己接收到的空间信息，并决定自己的身体姿势，以平稳走动。

⚡ 仿人形机器人是在电影动画里出现频率最高的机器人

声音

仿人形机器人还要能发出人类的声音，当然现在机器人发出的声音都是提前录制进去的。在未来，也许会出现可以自主发出声音的机器人，这样机器人就可以和人类聊天了，这涉及机器人智能技术，也涉及机器人是不是应该具有思想的问题。

以假乱真的外观

仿人形机器人有着和人类很相似的外观，它们的皮肤颜色也很接近人类，这就对材料有很大的要求，我们知道人类的皮肤具有多种功能，因此要想和人类的皮肤十分接近，就要用特制的高分子材料。另外要使机器人的面貌接近真人，就要涉及人体面部构造知识。

小 知 识

仿人形机器人是目前机器人研究领域的最前沿，而最困难的地方就是机器人的动作。为了能让机器人像人那样灵活地运动，工程师们使用了最好的零件，就像机器人"阿斯莫"那样，不仅可以走路和上楼梯，还可以跳简单的舞蹈。

 # 机器人的事故

> 凡事有利必有弊,机器人在带给人类便利的同时,也开始出现一些出乎人类意料的事情,尤其是在工厂车间里,一些机器人有时候会莫名其妙地出一些故障,最后制造严重的事故。

笨拙的机器人

有一次,一位歌唱家机器人正要在舞台上展示自己的歌唱本领,忽然发生了故障,结果唱出的歌声和背景音乐衔接不上,结果整个音乐会被机器人的歌声、配乐声和观众的笑声所充斥,但是这并没有阻碍机器人的发展。

 在现在,工程师还无法让机器人像人这么灵活。

小 故 事

在喜剧电影《摩登时代》里,喜剧大师卓别林扮演一个拧螺帽的工人,他最后因为工作紧张而精神失常,把街上行人衣服上的钮扣也当成螺帽去拧。现在这类工作都已经被机器人取代,机器人是不会出现这种故障的。

可怕的事故

在 1979 年 9 月 6 日,日本广岛一间工厂里切割钢板的机器人忽然发生了故障,站在这台机器人旁边的工人被机器人当做钢板切割,这位工人当场丧命。后来人们规定:工人必须和这类工业机器人保持一定距离,因为那个工人就是因为离机器人太近而发生悲剧的。

维修中的事故

　　有一次,一个机器人维修工在维修一个机器人的时候,这个机器人突然启动了,抱起维修工疯狂地甩动,最后这个维修工因为受到严重伤害而死亡。后来人们规定,在维修机器人的时候,必须先切断机器人的电源,以保证维修人员的安全。

　　➡ 由于机器人的大脑实际上就是一个控制系统,人们通过计算机程序来控制机器人的行为动作,如果程序出现错误,机器人就会出现问题,甚至影响正常工作。

不幸的象棋大师

　　前苏联国际象棋大师古德柯夫在和一个智能机器人进行象棋比赛的时候连赢三局,但是他却被机器人释放的强电流击死,原来这个机器人内部突然出现故障,导致放电,电死了那位国际象棋大师。后来卡斯帕罗夫和"深蓝"比赛的时候,"深蓝"只是显示该走哪一步,而棋子由人来代替移动。

　　⬆ 卡斯帕罗夫正在和"深蓝"进行的比赛中,一个人来代替"深蓝"挪动棋子。

电影中的机器人

机器人还经常出现在电影中。在电影中，机器人有好人，也有坏人，有的拥有很大的力量和超级智慧，有的则是一个调皮的捣蛋鬼，这些屏幕上的机器人深受许多人的喜爱。

最早的机器人明星

最早出现在屏幕上的机器人是 1927 年拍摄的《大都会》中的女机器人玛莉娅，不过在最后，这个机器人变成了真正的人类，直到今天，它在变成人类时身边环绕的电流仍然让人难以忘记。

《星球大战》第一部《星球大战：新希望》被认为是"继摩西开辟红海之后最为壮丽的 120 分钟"，在犹太人的传说故事里，是摩西带领古犹太人穿越红海，来到中东，建立起后来的古犹太国。

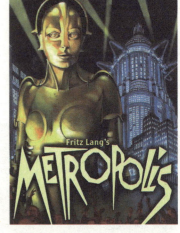

► 女机器人玛莉娅

星球大战

《星球大战》系列影片是 20 世纪 70 年代以来拍摄的一系列科幻电影，这部电影的背景在深邃的太空中，而参加这场大战的除了人类和外星人，还有许多机器人。在影片中，巨大的机器人生产工厂给观众留下了十分深刻的印象。

◄ 星球大战是第一部把大量机器人搬到宇宙星空战场上的电影

⏎《变形金刚》借助电脑特技，让许多人对机器人大开眼界。

变形金刚

变形金刚是 20 世纪 80 年代出现在荧屏上的，它们是一群可以改变外形的机器人，拥有巨大的力量。但是这些机器人分为两派，一派是维护和平的博派，另外一派是贪婪和破坏成性的狂派，而整个动画片的故事就是围绕这两个机器人派别展开的。

⏎《终结者》系列让机器人变成了人类杀手，使人们对机器人的研究有了前所未有的关注。

终结者

在《终结者》系列影片中，阿诺·施瓦辛格扮演一个外形和人类相同的机器人，他被从未来送到 20 世纪 80 年代的美国，与被机器人送回来的类人形机器人搏斗，保护一个未来的机器人工程师。这部影片刻画了威力无比强大的机器人，给人们留下很深刻的印象。

图书在版编目（CIP）数据

科学在你身边. 机器人 / 畲田主编. —长春：北方妇女儿童出版社，2008.10
ISBN 978-7-5385-3536-5

Ⅰ. 科… Ⅱ. 畲… Ⅲ. ①科学知识−普及读物②机器人−普及读物 Ⅳ. Z228 TP242-49

中国版本图书馆 CIP 数据核字（2008）第 137225 号

出版人：李文学
策　划：李文学　刘　刚

科学在你身边

机器人

主　　编：畲　田
图文编排：药乃千　王雅芝
装帧设计：付红涛
责任编辑：张道良
出版发行：北方妇女儿童出版社
　　　　　（长春市人民大街 4646 号　电话：0431-85640624）
印　　刷：三河宏凯彩印包装有限公司
开　　本：787×1092　16 开
印　　张：4
字　　数：80 千
版　　次：2011 年 7 月第 3 版
印　　次：2017 年 1 月第 5 次印刷
书　　号：ISBN 978-7-5385-3536-5
定　　价：12.00 元